种子加工技术问答

冯志琴　李喜朋　◎ 主编

中国农业科学技术出版社

图书在版编目（CIP）数据

种子加工技术问答/冯志琴，李喜朋主编．—北京：中国农业
科学技术出版社，2016.11
ISBN 978 - 7 - 5116 - 2816 - 9

Ⅰ．①种…　Ⅱ．①冯…②李…　Ⅲ．①种子 - 加工 - 问题解答
Ⅳ．①S339 - 44

中国版本图书馆 CIP 数据核字（2016）第 269482 号

责任编辑　张孝安
责任校对　贾海霞
出版发行　中国农业科学技术出版社
　　　　　　北京市中关村南大街 12 号　　邮编：100081
电　　话　(010) 82109708（编辑室）　(010) 82109702（发行部）
　　　　　　(010) 82109709（读者服务部）
传　　真　(010) 82106650
网　　址　http://www.castp.cn
经 销 商　各地新华书店
印 刷 者　北京富泰印刷有限责任公司
开　　本　700mm×1 000mm　1/16
印　　张　5.75
字　　数　80 千字
版　　次　2016 年 11 月第 1 版　2016 年 11 月第 1 次印刷
定　　价　28.00 元

序
FOREWORD

种业是国家战略性、基础性核心产业，是促进农业长期稳定发展、保障国家粮食安全的根本。近年来，我国政府出台系列政策和措施积极构建现代农作物种业体系，加快促进现代种业发展。农作物种子通过加工处理能够有效提高品质，获得具有高净度、高发芽率、高纯度、高一致性和高活力的商品种子。种子加工是提高种子商品价值，促进良种推广应用和种子市场流通的关键技术手段和措施。

自国家"九五"种子工程实施以来，我国种子加工领域的科技创新取得了长足进展，研制出一大批适合国情的种子加工单机与成套设备，并得到广泛推广应用，形成了相对完备的种业装备工业体系和种子加工产业体系。特别是在玉米种子和棉花种子加工领域，建成了一批具有国际先进水平的现代化种子加工厂，极大地促进了我国农作物种业发展。

农业部规划设计研究院依托长期以来的科研工作基础和工程实践经验，针对我国种子产业特点、加工贮藏方式以及当前种业发展中存在的问题，组织有关专家编写了《种子加工技术问答》一书，包括基础篇、预处理篇、干燥篇、清选分级篇及包衣包装篇等，以技术问答形式比较全面系统地介绍了主要农作物种子加工技术与装备应用情况，内容详实丰富、图文并茂、通俗易懂。现推荐给从事相关实践的种子企业技术人员及广大的种子科技爱好者，推动种子加工技术的传播与应用，共同促进我国种业的现代化。

2016 年 10 月

前　言
PREFACE

　　现代农业的发展，离不开高质量的种子。种子加工是种子生产经营的重要环节，是保证和提高种子质量、实现种子商品化、标准化的主要手段，是实现农业节本增效、促进农作物增产、农民增收的重要措施。根据国内外种子加工发展方向，结合我国种子产业发展需求，总结我们多年从事种子加工技术研究与咨询服务的实践经验并参考有关种子加工技术的资料，编写了《种子加工技术问答》一书。按照内容实用、文字易懂、图文并茂、科普性强的原则，以问答的方式，向读者介绍了种子加工原理、技术、设备结构、使用操作等内容，有助于读者了解种子加工基本原理和技术，了解常用种子加工设备，适合种子加工企业技术人员和操作人员参考，以生产高质量的种子，提高市场竞争力，同时从事种子工程研究设计的人员也可参考。本书分为基础篇、预处理篇、干燥篇、清选分级篇、包衣篇和包装篇六大部分内容。

　　由于编者水平有限，不足之处在所难免，敬请读者批评指正。

编　者

2016 年 9 月

目 录
CONTENTS

第一篇
基 础 篇

1. 种子的科学概念是什么?

种子是指农作物和林木的种植材料或者繁殖材料,包括籽粒、果实、根、茎、苗、芽、叶、花等。在农业生产上,凡是可直接用作播种材料的植物器官都称为种子。农业生产用的播种材料一般分为真种子、果实、营养器官3种。

(1)真种子。由胚珠发育成的种子,如棉花种子(图1-1)、油菜种子(图1-2)、大部分豆类及瓜类、茄子等十字花科的种子。

图1-1 棉花种子

图1-2 油菜种子

（2）果实。成熟后不开裂的作物的干果，如小麦种子（图1－3）、玉米种子（图1－4）和水稻种子等。

图1－3　小麦种子

图1－4　玉米种子

（3）营养器官。有些作物具有自然无性繁殖器官，如甘薯块根（图1－5）、马铃薯块茎（图1－6）等。

图1－5　甘薯块根

图1－6　马铃薯块茎

2. 种子有哪些物理特性?

种子主要物理特性有容重、比重、散落性等。

（1）种子容重是指单位容积内种子的重量。种子容重与种子大小、形状、表面光滑度、内部组织疏松度、水分、含杂情况等有关。

（2）种子比重是种子的重量与绝对体积之比。种子比重与种子形态、化学成分、水分、成熟度、内部松紧度等有关。

（3）种子的散落性是种子由高处自由下落时，向四面流散的特性。种子散落性通常以静止角和自流角表示。静止角是种子在无外力作用下，自由落于水平面上，种粒向四面散开，当种子落到一定量时，便形成一个圆锥体，圆锥体的斜面线与水平面的夹角。自流角是指种子堆放在其他物体的平面上，将平面的一边慢慢向上抬起到一定程度时，种子在斜面上开始滚动直到绝大多数种子滚落为止，此时的角度称为自流角。种子的散落性与种子的形态、水分、混杂物等有关（图1-7）。

a　　　　　　　　　　　　　　b

图1-7　种子的散落性

3. 种子是怎样分类的？

种子一般分为原种和大田用种，其中大田用种又分为单交种、双交种、三交种。原种是指用育种家种子繁殖的第一代至第三代种子，经确认达到规定质量要求的种子。大田用种是指用原种繁殖的第一代至第三代种子或杂交种，经确认达到规定质量要求的种子。单交种是指两个自交系的杂交一代种子。双交种是指两个单交种的杂交一代种子。三交种是指一个自交系和一个单交种的杂交一代种子。

4. 什么样的种子才算质量达标?

根据 GB4404.1—2008、粮食作物种子第 1 部分：禾谷类规定，主要农作物种子质量指标包括品种纯度、净度、发芽率、水分四项内容。水稻种子（图 1 - 8）、玉米种子（图 1 - 9）、小麦种子（图 1 - 10）和大麦种子（图 1 - 11）质量标准如表 1 - 1 所示。

图 1 - 8　水稻种子

图 1 - 9　玉米种子

图 1 - 10　小麦种子

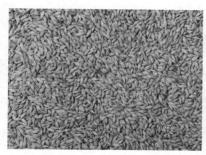

图 1-11　大麦种子

表 1-1　主要农作物种子质量标准表

作物名称	种子类别		纯度不低于（%）	净度不低于（%）	发芽率不低于（%）	水分不高于（%）
水稻	常规种	原种	99.9	98.0	85	13.0（籼稻）
		大田用种	99.0			14.5（粳稻）
	不育系、恢复系、保持系	原种	99.9	98.0	80	13.0
		大田用种	99.5			13.0（籼稻）
	杂交种	大田用种	96.0	98.0	80	14.5（粳稻）
玉米	常规种	原种	99.9	99.0	85	13.0
		大田用种	97.0			
	自交系	原种	99.9	99.0	80	13.0
		大田用种	99.0			
	单交种	大田用种	96.0	99.0	85	13.0
	双交种	大田用种	95.0			
	三交种	大田用种	95.0			
小麦	常规种	原种	99.9	99.0	85	13.0
		大田用种	99.0			
大麦	常规种	原种	99.9	99.0	85	13.0
		大田用种	99.0			

5. 什么是种子加工?

种子加工是种子从收获后到播种前所进行的加工处理的全过程。主要包括干燥、预加工、清选、分级、选后处理、定量包装和贮存等工序。

6. 为什么要进行种子加工?

种子经过加工处理具有以下几个优点。

(1) 便于安全储藏。通过对种子进行干燥处理,将种子降到安全水分,利于保持种子活力和安全储藏。

(2) 节约种子。经过清选加工,种子净度一般可提高 2% ~ 5%,淘汰的未成熟、破碎、病虫害籽粒可作为饲料等其他用途。

(3) 减少用种量。加工后的种子饱满健壮,用种量可减少10% ~ 20%。

(4) 提高粮食产量。包衣后的种子可防治病虫害,苗齐苗壮,发芽率提高 2% ~ 3%,增产 5% ~ 10%。

(5) 便于机械化生产。加工后的种子外形尺寸趋于一致,有利于实施机械化精量播种。因此,要进行种子加工。

7. 种子中包含哪些杂质类型?

种子中杂质一般可分为长杂、短杂和异形杂质三种类型。其中,长杂是指形状与被加工农作物种子相似,最大尺寸大于被加工作物种子长度尺寸的杂质及其他植物种子,如小麦种子(图 1 – 12)中的燕麦种子(图 1 – 13)。短杂是指形状与被加工农作物种子相似,最大尺寸小于被加工作物种子长度尺寸的杂质及其他品种种子,如水稻种子中的整粒糙米（图 1 – 14 和图 1 – 15）。异形杂质指最大尺寸与被加工农作物种子相近，而形状明显不同的杂质如大豆种子的碎石、异形粒及破损粒（图 1 – 16 和图 1 – 17）。

图 1 – 12　小麦种子

图 1 – 13　燕麦种子

图 1 – 14　水稻种子

图 1 – 15　整粒糙米

图 1 – 16　大豆种子

图 1 – 17　碎石、异形粒及破损粒

8. 种子加工常用的种子特性有哪些?

种子加工中常用的种子特性有:外形尺寸特性(图1-18)、空气动力学特性(图1-19)、比重特性(图1-20)、表面特性等。

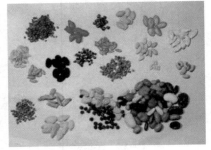

图1-18 利用外形尺寸不同分选种子

a

b

图1-19 利用空气动力学特性不同分选种子

a

b

图1-20 利用比重特性不同分选种子

9. 为什么要对种子进行初清选、基本清选和精选？

初清选是为了改善种子物料的流动性，减轻后续加工工序的负荷而将脱粒或除芒后种子含有的大杂和颖壳初步清除的作业，是种子清选加工的预处理工序，使用的风筛清选机筛面倾角、筛孔尺寸、振动频率、振幅较大。基本清选是为了使种子物料达到一定净度指标的清选作业，主要是为了清除种子中茎、叶、穗、芯、芒和尘土等杂质，以提高种子净度，便于对种子进行后续加工和储藏，是种子清选加工的主要工序，使用的风筛清选机筛面倾角较小。精选是为使种子净度达到国家标准规定指标的清选作业，是为了清除种子中含有的其他品种和其他作物的种子以及不饱满、虫蛀和霉变的种子，以提高种子的净度指标，主要使用比重清选机、窝眼筒清选机、色选机等设备。

10. 种子加工性能指标有哪些？

种子加工主要性能指标有种子脱净率、获选率、破损率、包衣合格率、种衣牢固度、净度、除杂率等。其中，种子脱净率指从果穗、荚果或其他果实上脱取的种子量占原有种子总质量的百分率。获选率指实际选出的好种子占原始种子物料中好种子含量的百分率。破损率指加工过程中好种子的破碎损伤量占好种子总质量的百分率。包衣合格率指种衣剂包敷面积大于80%的包衣种子占全部包衣种子的比例。种衣牢固度指种衣剂包裹在种子上的牢固程度。净度指符合要求的本作物种子（好种子）的质量占种子物料（好种子、废种子和杂质）的总质量的百分率。除杂率指种子物料中已清除的杂质占原有杂质含量的百分率。

11. 怎样确定种子加工工艺流程?

种子加工工艺流程是指种子加工过程采用的方法、路线,工艺流程选择是否合理,不仅关系到种子加工质量,还关系到投资成本和效益。确定工艺流程时应充分考虑到企业需加工作物品种和种子的质量要求、生产规模等,还要考虑企业未来发展需求,预留发展空间,工艺流程要排序合理、灵活可调,各工序生产率要匹配。种子加工主要工序包括预清选(初清)、干燥、脱粒、基本清选、长度清选、重力(比重)清选、分级、种子包衣和包装等。

12. 常见种子加工设备及附属装置有哪些?

常见种子加工设备有预清机(图 1 – 21)、脱粒机(图 1 – 22)、除芒机(图 1 – 23)、烘干机(图 1 – 24)、风筛清选机(图 1 – 25)、窝眼筒清选机(图 1 – 26)、比重清选机(图 1 – 27)、分级机(图 1 –28)、种子包衣机(图 1 – 29)和包装机(图 1 – 30)等。配套附属装置主要有输送系统、除尘系统、排杂系统、贮存系统和电控系统等(图 1 – 31)。

图 1 – 21　预清机

图 1 – 22　脱粒机

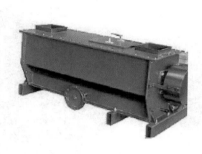

图 1 - 23　除芒机

图 1 - 24　烘干机

图 1 - 25　风筛清选机

图 1 - 26　窝眼筒清选机

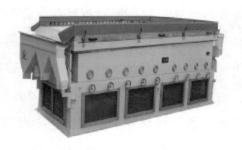

图 1 - 27　比重清选机

图 1 - 28　分级机

图 1-29　种子包衣机

图 1-30　包装机

图 1-31　种子加工成套生产线

13. 有哪些种子加工设备工艺布置方式?

种子加工设备工艺布置方式有立体布置、平面布置和混合布置三种方式。立体布置是根据种子加工工艺流程的先后顺序,设备自上而下布置,这种布置方式占地面积小,一次将种子提升到一定高度,种子在重力作用下流动,可减少提升设备数量,但是厂房高度高,一般要达到 20m 以上。平面布置是根据种子加工工艺流程的先后顺序在平面布置设备,靠提升机和皮带机输送为设备供料,厂房高度一般 6~8m 即可,但厂房占地面积较大。实际应用中一般采用平面布置方式(图 1-32)和立体布置相结合的混合布置方式(图 1-

12

33)，既可以适当降低厂房高度，又可以节省占地面积，减少输送设备数量。

图 1 – 32　平面工艺布置方式

图 1 – 33　混合工艺布置方式

14. 种子加工机械产品型号编制规则是什么?

根据 JB/T10200—2013 规定，种子加工机械产品型号由印刷体大写汉语拼音字母、大写拉丁字母和阿拉伯数字组成。组成内容排列顺序为:

（1）大类代号。种子加工机械大类代号为 5。

（2）小类代号。指种子加工机械产品的分类代号，选用产品基本名称具有代表意义的一至两个字汉语拼音第一个字母表示，并应符合以下条件:不与 JB/T8574—2013 农机具产品型号编制规则已经规定的小类代号重复；不与同大类其他产品小类代号混淆。

（3）特征代号。指同小类产品不同特点的代号。选用产品附加名称一至两个特征代表字的汉语拼音第一至第二个字母表示。并符合以下条件：不与 JB/T8574—2013 已经规定的同小类产品特征代号重复；不与同小类其他产品特征代号混淆；不宜选用 I、O 两个字母。

（4）主参数代号。指产品主要性能参数的数值。

（5）改进代号。指改进产品的顺序号。用印刷体大写拉丁字母表示，从 A 开始。

如稻麦种子脱粒机（第一次改进）产品型号为 5TD－5A。

15. 如何标定种子加工设备生产能力？

种子加工设备的生产能力通常以小麦种子喂入量标定，其他作物种子的生产能力可以参照表 1－2 进行折算。

表 1－2　常见农作物种子加工设备生产能力折算

序号	作物种类	折算系数
1	玉米	0.7～0.8
2	水稻	0.5～0.6
3	黑麦	0.8～0.9
4	大麦	0.7～0.8
5	苜蓿	0.1～0.2
6	棉籽	0.6～0.7

16. 我国种子加工技术发展现状和趋势？

通过"九五"种子工程项目的实施，中国种子集团有限公司在河北承德、河北冀岱棉种技术有限公司在河北省石家庄市、北京奥瑞金种业股份有限公司在甘肃省临泽市、河南省郑州市、辽宁省铁岭市等地建成了一批种子加工成套设备生产线（图1-34）。21世纪以来，随着外国种业的进入，我国在甘肃省、宁夏回族自治区、云南省等地建设了多座代表世界先进水平的玉米种子加工中心。同时，在北京市、南京市建成了两家农业部种子加工工程技术中心。涌现出酒泉奥凯种子机械有限公司、无锡耐特机电技术有限公司、安徽正远包装科技有限公司等一批有实力的种子加工设备制造企业。

随着我国制种基地向区域化、规模化和标准化发展，将推进种子加工中心建设由小规模、通用型向大规模、专业化方向发展，推动种子加工设备向大型、专业化方向发展。

图1-34　中国种子集团有限公司种子加工中心全景

17. 国外主要种子加工设备企业有哪些?

国外较有实力的种子加工设备企业主要分布在欧洲和美国，如丹麦Cimbria（图1-35）、丹麦Westrup、美国Crippen、美国Carter-

Day、美国 Gustafson（图 1 - 36）、美国 Oliver（图 1 - 37）、德国 Pet-kus（图 1 - 38）等公司。其中，美国 Oliver 专业生产比重清选机；美国 Gustafson 专业生产种子包衣机；德国 Petkus 不但生产风筛清选机，还开发了比重清选机和包衣机产品；其他几家公司以生产风筛清选机为主。

图 1 - 35　丹麦 Cimbria 风筛清选机

图 1 - 36　美国 Gustafson 包衣机

图 1 - 37　美国 Oliver 比重式清选机

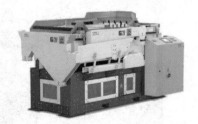

图 1 - 38　德国 Petkus 比重式清选机

第二篇

预 处 理 篇

1. 种子加工预处理包含哪些工序?

种子加工预处理工序是为种子清选加工做准备工作和创造条件的工序，主要包括脱粒、除芒、刷种、磨光、脱绒、预清等。预处理工序根据待加工物料形态来选用，不同物料预处理工序不同。脱粒主要用于玉米果穗（图2-1）、小麦、水稻等加工，除芒用于水稻等带芒种子加工（图2-2），刷种用于茄果类如番茄种子加工（图2-3），磨光用于甜菜种子加工（图2-4），脱绒用于棉花种子加工（图2-5）。

a

b

图2-1　脱粒前后玉米种子

17

a

b

图 2 - 2　除芒前后水稻种子

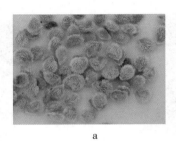

a

b

图 2 - 3　刷种前后番茄种子

a

b

图 2 - 4　磨光前后甜菜种子

a

b

图 2 - 5　脱绒前后棉花种子

2. 适宜脱粒的玉米果穗水分含量是多少？

刚收获的玉米果穗含水量一般在 35% 左右，如果直接脱粒，破损率高，需进行烘干或晾晒，使含水率降到 18% 以下，进行脱粒，可以使种子的破损率降到最低。

3. 常用脱粒方法和装备类型有哪些？

常用脱粒方法有以下四种：一是打击或冲击法，使谷粒受到打击和撞击而脱粒。二是挤压或碾压法，利用重量较大而转速不高的滚子在晒场上摊开的稻或麦上碾过，在挤压和搓擦作用下将籽粒从穗中脱出。三是齿钉打击法，果穗在滚筒内受到高速旋转的齿钉的打击作用，籽粒从穗轴上脱落。四是揉搓法，果穗受到揉搓作用，从而使籽粒从穗轴上脱落。常用的脱粒机有小麦脱粒机（图 2-6）、水稻脱粒机（图 2-7）、玉米脱粒机（图 2-8）、通用脱粒机（图 2-9）等。

4. 揉搓式玉米脱粒预清机构成和原理是什么？

揉搓式玉米脱粒预清机主要由玉米果穗脱粒系统、筛选系统、风选系统、机架等组成（图 2-10）。脱粒原理是脱粒系统主轴上设有弧形齿板和弧形板，脱粒室内壁设有格栅凹板，主轴低速转动，使果穗与果穗之间、果穗与弧形齿板、弧形板、格栅凹板之间产生揉搓，籽粒从穗轴上落下。同时，由于弧形齿板和弧形板有旋向，推动果穗向排料端移动。穗轴由排芯口排出，籽粒排到风筛选系统。通过风选将籽粒中的轻杂吸去。筛选上筛除去籽粒中的大杂，下筛除去籽粒中的小杂。下筛上的好籽粒排出机外。揉搓作用与纹杆滚筒和栅条凹板之间的间隙、工作部件表面粗糙度、转速有关，间隙

图 2-6　小麦脱粒机

图 2-7　水稻脱粒机

图 2-8　玉米脱粒机

图 2-9　通用脱粒机

变小、粗糙度增大、转速提高，揉搓作用增强，果穗脱净率和生产率高，但是破碎率随之增大。

图 2-10　揉搓式玉米脱粒预清机

5. 如何对揉搓式玉米脱粒预清机进行操作?

揉搓式玉米脱粒预清机使用时为达到满意的脱粒效果，主要调整进料量、穗轴排出量、吸风道风量和筛片等参数。

（1）进料量。由于揉搓式玉米脱粒预清机脱粒是靠对果穗的揉搓来脱粒的，因此脱粒室内要有足够的果穗，需保证进料连续均匀。

（2）穗轴排出量。穗轴排出快慢与玉米果穗在脱粒室内的停留时间有关，停留时间长，脱净率高，破碎率也相应增大。因此，在保证脱净率的前提下，尽可能使穗轴排出快些，以减少果穗在脱粒室的揉搓时间，降低破碎率。

（3）吸风道风量。调整吸风道风量，达到没有籽粒吸出为准。

（4）筛片。根据果穗籽粒大小选择合适的筛片，以使下筛筛下物和上筛筛上物没有好籽粒排出为宜。

6. 揉搓式玉米脱粒预清机如何维修保养?

加工季节结束后，所有轴承加注润滑油脂。更换品种时，应将机器清理干净。筛片长期不用时，应从筛箱内取出妥善保管。设备应保持干净。

7. 稻麦半喂入联合收割机构成和工作原理是什么?

稻麦半喂入联合收割机主要由动力系统、割台、脱粒系统、行走系统、切草系统、液压系统等组成（图2-11）。工作原理是待割作物由割台分束、扶植、切割，割下的作物被输送喂入到脱粒系统进行脱粒，脱落的籽粒经过振动筛筛选，筛上杂物由排杂口排出，筛下籽粒经过风选系统将茎叶、灰尘等轻杂清除，干净的籽粒收集到集种袋。茎秆由切草机切碎还田。

图 2 – 11　稻麦半喂入联合收割机

8. 种子除芒机构成和工作原理是什么?

种子除芒机主要由进料系统、机体、螺旋轴、除芒室、传动系统、机架等构成（图 2 – 12）。工作原理是将物料喂入到除芒室，除芒室圆筒内壁装有固定齿片，主轴上也设有同样的螺旋齿片，物料在主轴螺旋齿片转动的作用下，做圆周和轴向运动，通过齿片棱角的打击和揉搓将物料上的芒刺除掉，灰尘由除尘口吸除，除芒后的物料由排料口排出。

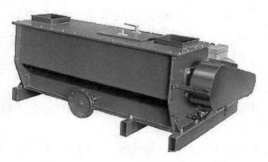

图 2 – 12　种子除芒机

9. 刷种机构成和工作原理是什么?

刷种机主要由进料系统、传动系统、筛筒、刷辊、排料系统、机架等构成（图2-13）。工作原理是将物料喂入到筛筒，主轴上设有毛刷，毛刷随主轴一起旋转，带动物料在毛刷和筛筒之间运动，使物料与物料、物料与筛网之间产生摩擦揉搓，以清除种子表面的附着物，使种子表面变得光滑。磨光后的种子由排料口排出。脱落的芒、毛等附着物由筛网孔落下，排出机外。

图2-13 刷种机

10. 刷种机使用时怎样调节？

刷种机刷种效果与主轴转速、刷种间隙、排料速度等有关。从排料口观察刷种情况，如果种子破碎率高，应降低转速或增大刷种间隙，加大排料口排料量；如果刷种不彻底，则应增大转速或减小刷种间隙，减小排料口排料量。这几个参数需协调调整，直至刷种效果达到要求为止。

11. 种子预清机和风筛清选机相比有哪些不同？

种子预清机结构和工作原理同风筛清选机，不同之处在于筛面倾角较大，风量调节范围较宽，种子在筛面上流动速度快，生产率高。

12. 为什么要进行棉种脱绒?

棉花种子表面带有一层绒毛,不便于机械化播种,且棉种发育缓慢,抗病虫害能力差。通过脱绒处理,将棉花种子表面的绒毛去掉(图2-14)并进行精选包衣处理,便于机械精量播种,节约种子使用量,且种子发芽快,苗齐苗壮,生长旺盛。

图2-14 毛棉籽(左)脱绒后成为光棉籽(右)

13. 棉种酸脱绒硫酸适用量及方式有哪些?

棉种酸脱绒硫酸用量与棉花种子的含绒率有关,一般酸绒比1:5.5~6,酸水比1:10比较合适。水的作用主要是对酸液进行稀释,增加酸液的体积,在发泡剂的作用下,使酸液与棉种短绒混合的更均匀。棉种酸脱绒主要有过量式稀硫酸脱绒、计量式稀硫酸脱绒、泡沫酸脱绒3种方式。

14. 棉种过量式稀硫酸脱绒原理及工艺流程是什么?

棉种过量式稀硫酸脱绒是用过量的、浓度为8%~12%的稀硫酸浸泡含绒棉种,待棉种上的短绒都吸附上稀硫酸后,用离心式甩干机甩掉棉种上多余的酸液，然后进行烘干，使棉种短绒上的稀硫酸脱水为热的浓硫酸，脆化、炭化的短绒在摩擦、撞击作用下脱离棉种。棉种过量式稀硫酸脱绒工序主要包括毛棉种喂入、硫酸稀释、棉种浸泡、甩干、烘干、摩擦脱绒等工序。工艺流程如图2－15所示。

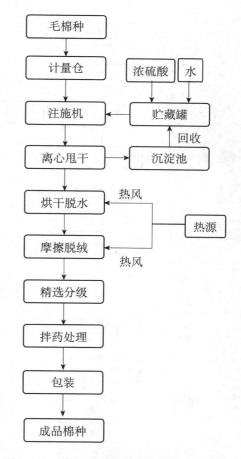

图2－15　棉种过量式稀硫酸脱绒工艺流程图

15. 计量式稀硫酸脱绒原理及工艺流程是什么?

　　计量式稀硫酸脱绒原理是毛棉种通过计量仓内计量装置控制，定量均匀地喂入注施机内。将浓硫酸稀释到8%～12%并加入适量表面活性剂，定量喷洒到毛棉种上，之后对棉种进行烘干，使棉种短绒上的稀硫酸脱水为热的浓硫酸。脆化、炭化的短绒在摩擦、撞击作用下脱离棉种，之后对棉种上的残酸中和。使用此种方式供酸量与棉种需脱掉的绒量是匹配的，因此没有酸液回收和污水排放过程，但是棉种上的绒不容易脱干净。计量式稀硫酸脱绒工序主要包括毛棉种定量喂入、浓硫酸水表面活性剂混合、稀硫酸喷洒至毛棉种、烘干脱水、摩擦脱绒、残酸中和等工序。工艺流程如图2－16所示。

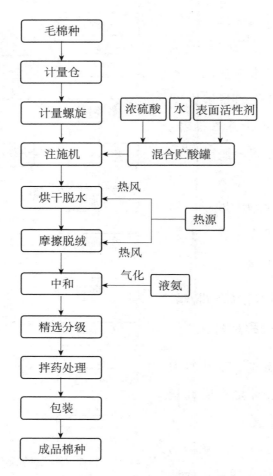

图 2 – 16　棉种计量式稀硫酸脱绒加工工艺流程图

16. 棉种泡沫酸脱绒原理及工艺流程是什么？

根据毛棉种的含绒量，供给适量的 10% 稀硫酸，并在稀硫酸中加入发泡剂形成泡沫酸，在空压机作用下酸液体积增大 40～50 倍，泡沫酸和毛棉种在注施机内充分混合，将泡沫酸充分润湿的毛棉种输送到烘干机进行烘干，随着温度升高，棉绒上的稀硫酸水分蒸发浓缩成浓硫酸，棉短绒脆化炭化，在摩擦碰撞作用下，从毛棉种上脱离下来。棉种泡沫酸脱绒工序主要包括毛棉种定量喂入、浓硫酸水发泡剂混合成泡沫酸、泡沫酸润湿毛棉种、毛棉种烘干脱水、摩擦脱绒。工艺流程如图2-17所示。

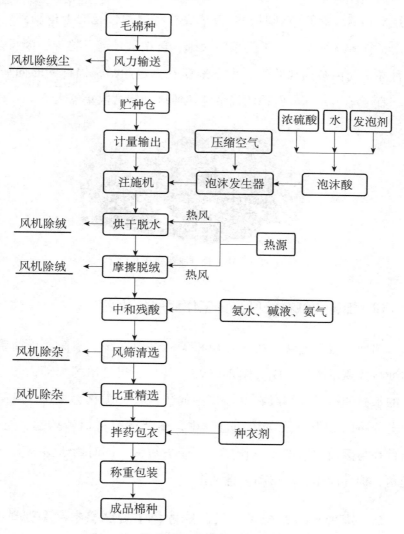

图2-17 棉种泡沫酸脱绒加工工艺流程图

17. 棉种脱绒烘干机工作原理是什么?

棉种脱绒烘干机主要由机架、热源、进料系统、滚筒、传动系统和种绒分离系统等组成(图2-18)。烘干滚筒内沿轴向固定有许多矩形抄板,滚筒转动时,抄板从底部将棉种带起向上运动到一定高度,棉种从抄板上落下到滚筒底部,再次被抄起,这样不断反复,棉种在滚筒内被热风吹干,由于滚筒有一定倾角,棉种同时向后移动,直至排出,部分脱掉的棉绒随热风排到棉绒收集器内。

图2-18　棉种脱绒烘干机

18. 棉种脱绒系统摩擦机工作原理是什么?

棉种脱绒系统摩擦机主要由机架、进料系统、滚筒、传动系统和种绒分离系统等组成(图2-19)。从烘干机排出的棉种仍含有一定的水分和短绒,继续在摩擦机滚筒内脱水、脆化、炭化,滚筒内轴向分布的抄板在滚筒转动过程中,不断重复将棉种抄起、抛落,棉种在与滚筒内壁的摩擦作用下,脱去短绒,同时由于滚筒有一定倾角,棉种向排料端移动,直至排出。

19. 棉种脱绒系统烘干机、摩擦机主要调整参数有哪些?

棉种脱绒系统烘干机、摩擦机主要调整参数有进出口风温、风

图 2 - 19　棉种脱绒系统摩擦机

速、滚筒倾角等。这些参数调整与毛棉种水分、脱绒状况、棉种温度等因素有关。在烘干机内棉种水分蒸发掉 70% ~ 80% 比较合适，如果蒸发的水分太多，会使棉种在摩擦机内升温迅速，甚至超过棉种的安全温度，损伤棉种，导致棉种失去活力。通常棉种的安全温度为 48℃ 以下。

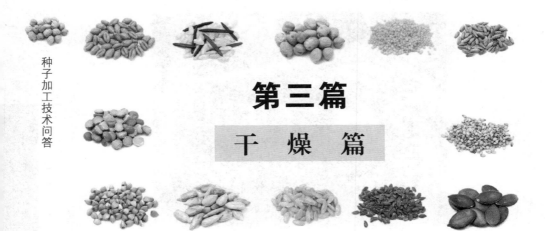

第三篇

干 燥 篇

1. 为什么要进行种子干燥？

种子干燥就是对种子进行降水处理，通过干燥介质对种子加热，使种子内部水分不断向表面扩散，表面水分不断蒸发的过程，例如，鲜玉米棒变成干燥玉米棒（图3-1）。种子是有生命的，种子的新陈代谢活动和种子的水分密切相关，新收获的种子水分通常高达25%~45%，种子的呼吸强度大，代谢旺盛，适宜微生物活动，易发热霉变和低温冻害，不利于种子储藏。种子干燥的目的是将种子的水分降低到安全储藏水分以下，保存种子活力和发芽力，同时有效抑制害虫和微生物的生长繁殖，确保种子安全储藏。

图3-1 鲜玉米棒（左）与干燥玉米棒（右）

2. 种子水分和临界水分的区别是什么？

种子中的水分有游离水（自由水）和结合水（束缚水）两种状态。游离水具有一般水的特性，零度能结冰，容易从种子中蒸发出去；结合水和种子中的亲水物质牢固地结合在一起，不容易蒸发，低温下不会结冰。种子的临界水分就是指结合水达到饱和程度将出现游离水时的水分。种子达到临界水分后，种子的活力会很快降低甚至失去活力，不易储藏；种子水分在临界水分以下，种子能够保存活力，易于储藏。种子水分有两种表示方法，一是湿基表示法，以种子中水分重量占种子重量的百分比表示；二是干基表示法，以种子中水分重量占种子中干物质重量的百分比表示。通常所说的种子水分是指湿基水分。

3. 种子传湿力影响因素有哪些？

种子传湿力是指种子在低温潮湿的环境中吸收水汽、在高温干燥的环境中散发水汽的能力。种子传湿力影响因素有种子的组成成分、组织结构和外界温度、湿度等。种子淀粉含量高、内部结构疏松、毛细管较粗、细胞间隙较大、外界温度高、相对湿度低时，种子传湿能力强；反之传湿能力弱。通常禾谷类种子的传湿力比豆类种子强。传湿力强的种子比较容易干燥，可选择较高的温度进行干燥处理。

4. 湿空气的绝对湿度和相对湿度如何界定？

湿空气是干空气与水蒸气的混合物。绝对湿度就是每立方米湿空气中所含水蒸气的质量。绝对湿度表示的是湿空气在某一温度条件下实际所含水蒸气的重量。相对湿度是空气中水蒸气的实际含量对最大可能含量的接近程度。通常，空气保持水分的能力是随着温度的升高而增加的，在一定温度下，空气所能含的水蒸气量是一定的，因此，空气的相对湿度可以用空气中水蒸气的实际含量与在同样温度下的最大含水量之比表示。相对湿度越低，表示湿空气越干燥，吸收水分的能力越强；相对湿度越高，表示湿空气越潮湿，吸收水分的能力越弱；相对湿度为100%时，湿空气达到最大含水量，称为饱和状态。

5. 种子和空气的水分平衡是怎么回事？

种子具有一种持水的本能，并且随着含水率的下降，种子对于保持剩余水分的能力越来越强；同样，种子温度降低，持水能力也增强。在特定温度条件下，随着空气相对湿度的升高，吸收种子水分的能力会降低，最终种子的持水倾向和空气的吸水倾向达到

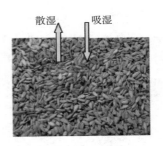

图 3 - 2 种子水分平衡

平衡，种子散失到空气中的水分和从空气中吸收的水分相等，不能再继续干燥（图 3 - 2）。

6. 种子是如何呼吸的及影响因素有哪些？

种子呼吸分为有氧呼吸和缺氧呼吸两种形态。有氧呼吸形态是种子中的碳水化合物或脂肪被氧化而产生二氧化碳、水和热量。缺氧呼吸形态是种子内部氧化和还原作用，产生酒精、二氧化碳和热量及乳酸和醋酸。种子呼吸的影响因素有种子的水分、温度及种子本身状态。种子中的水分是以化合水、结合水和自由水三种状态存

在的，当种子中有自由水时，种子的呼吸强度加大，营养物质分解，放出水和热量，种子活力就会降低。在低温时种子呼吸作用弱，在 -5℃左右，种子的呼吸作用及其微弱，适宜种子较长期贮藏。随着温度的升高种子的呼吸作用逐渐加强，当升至 10～20℃时，种子的生物化学反应开始活跃；升至 40℃时，种子的呼吸作用显著，不适合种子贮藏。未完全成熟、损伤、冻伤的种子，呼吸强度高。

7. 常用种子干燥方法有哪些？

常用种子干燥方法有自然干燥、通风干燥、加热干燥、干燥剂干燥及冷冻干燥等方式。

（1）自然干燥。通过日光曝晒、通风、摊晾等方法降低种子水分，此种方法干燥速度慢，时间长，受气候条件限制，仅适于小批量种子干燥（图3-3）。

（2）通风干燥。使用鼓风机将外界冷凉干燥空气吹入种子堆中，带走种子中的水汽和热量，此种方法受外界气候条件限制，干燥速度慢，效率低，适于小规模种子干燥（图3-4）。

（3）加热干燥。将自然空气加热到38℃以上作为干燥介质对种子进行干燥，此种方法不受气候条件限制，干燥时间短，效率高，适于大规模种子干燥（图3-5）。

（4）干燥剂干燥。将种子与干燥剂按照一定比例封入密闭容器内，利用干燥剂的吸湿能力，不断吸收种子扩散出来的水分，使种子变干，适于少量种子干燥（图3-6）。

（5）冷冻干燥。利用物质从固态直接变成气态的原理，使种子在冰点以下温度产生冻结，除去种子中的水分，此种方法可以保持种子良好品质，适于种质资源的长期保存（图3-7）。

图 3 – 3　自然晾晒干燥

图 3 – 4　储粮网仓通风干燥

图 3 – 5　烘干机加热干燥

图 3 – 6　干燥剂

图 3 – 7　冷冻干燥机

8. 干燥介质和种子本身对种子干燥有什么影响?

在种子干燥过程中，干燥介质把热量带给种子，对种子进行加热，促进种子中的水汽化，同时将汽化的水分带走，常用的干燥介质是常温空气、加热空气等。

（1）干燥介质的温度、湿度、流速是影响种子干燥的主要外部因素。①温度：在种子允许的温度范围内，空气的温度越高，干燥速度越快。②湿度：空气的相对湿度越低，干燥能力越强，当空气的相对湿度高于与种子相平衡的空气相对湿度时，不能对种子进行干燥。③流速：空气的流速越高，干燥速度越快，但是干燥速度太快会影响种子品质。

（2）种子本身的生理状态和化学成分是影响种子干燥的主要内部因素。①种子的生理状态：刚收获的种子含水率较高，新陈代谢活动旺盛，需缓慢干燥。②种子的化学成分：像小麦和玉米等淀粉类种子（图3-8和图3-9），组织结构疏松，传湿力强，容易干燥，可采用较高的温度；像大豆和蚕豆等蛋白类种子（图3-10和图3-11），组织较紧密，传湿力较弱，表皮疏松，易失去水分，干燥时外皮容易破裂，需低温慢速干燥；像油菜籽和花生等油脂类种子（图3-12和图3-13），脂肪含量高，亲水性差，可采用较高温度干燥。

图3-8　淀粉类种子——玉米

图3-9　淀粉类种子——小麦

图3-10　蛋白类种子——大豆

图3-11　蛋白类种子——蚕豆

图 3 – 12　油脂类种子——油菜籽

图 3 – 13　油脂类种子——花生

9. 种子干燥过程各阶段有什么特点?

种子干燥过程分为预热、等速干燥、减速干燥、缓苏、冷却等阶段，如图 3 – 14 所示。

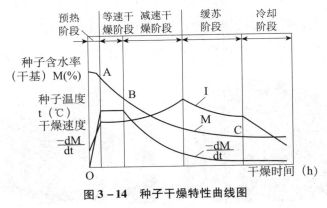

图 3 – 14　种子干燥特性曲线图

（1）预热阶段。种子开始受热，温度呈线性上升，但种子水分不下降或下降很少。

（2）等速干燥阶段。种子温度保持不变或略有下降，所有传给种子的热量都用于水分蒸发，种子水分降低速度基本保持不变。

（3）减速干燥阶段。种子水分降低的速度随干燥时间的延长不断减慢。

（4）缓苏阶段。虽然停止加热，种子水分会继续降低，主要是消除种子内外部之间的热应力，减少爆腰现象。

（5）冷却阶段。对干燥后的种子进行通风冷却，种子水分基本不再变化，使种子温度下降到较低温度或常温。

10. 种子干燥中爆腰好吗？

种子的干燥包括种子内部水分向外扩散和种子表面水分蒸发两个过程，当种子表面水分蒸发速度过快，内部水分向外扩散速度较慢时，容易造成种皮干裂的现象，称为爆腰，爆腰的种子活力降低，因此要避免爆腰现象（图3-15）。可通过降低干燥介质的温度或减少干燥介质流量，适当降低种子表面蒸发速度；或者是暂停干燥，使种子缓苏，即种子内部的水分逐渐向外扩散，从而使种子内外水分均匀一致，然后再加热干燥，实现种子水分降低。

图3-15　爆腰稻粒

11. 如何避免热风干燥中出现的种子干燥层别？

对厚层种子进行干燥过程中，当空气穿过种子层时，种子将分为已干燥层、正在干燥层和未干燥层3个层别。其中，接近进风口处的种子最先得到干燥，称为已干燥层；空气穿过已干燥层后，进入正在干燥层吸收该层种子的水分，直至空气接近平衡含水率状态。种子干燥过程出现干燥层别，会使已干燥层的种子水分失去太多，出现过分干燥的现象，为此，在热风干燥中可采用种子薄层干燥或上下交替通风的方法对厚层种子干燥以避免出现干燥层别。

12. 哪些是种子干燥技术要点？

种子干燥前应进行清选，去除影响种子流动的杂质，保证通风均匀和减少气流阻力。在种子干燥过程中，提供的干燥介质温度和气流速度，必须确保不影响种子活力，保持种子品质。否则，即使种子水分降到安全储藏水分，也失去了种子的价值。干燥介质温度一般要低于43℃。种子干燥过程中，不能一次降水太多，应采用多次间歇干燥，避免种子受热时间过长、温度过高而降低种子活力。经加热干燥的种子必须冷却后入仓，防止长期受热或局部发生结露现象，降低种子活力。

13. 种子干燥设备有哪些？

种子干燥设备有堆放分批式和连续流动式两大类型。其中堆放分批式干燥设备有简易堆放式干燥设备、斜床堆放式干燥设备、多用途堆放式干燥设备等，斜床堆放式干燥设备有斜床堆放式干燥床（图3-16）、单侧斜床堆放式干燥室（图3-17）、双侧斜床堆放式干燥室（图3-18），目前国内应用较多的是双侧斜床堆放式干燥室。连续流动式干燥设备有圆仓式循环干燥机（图3-19）、连续式干燥机（图3-20）、通风带式干燥机（图3-21）等。连续流动式干燥设备按照干燥介质的流动方向和种子的移动方向关系分为顺流式、混流式等。

图3-16　斜床堆放
式干燥床

图3-17　单侧斜床堆
放式干燥室

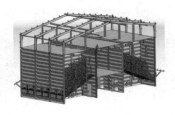
图3-18　双侧斜床堆
放式干燥室

图3-19　圆仓式循环
干燥机

图3-20　连续式
干燥机

图3-21　通风带式
干燥机

14. 堆放分批式干燥设备有哪些特点?

　　堆放分批式干燥设备是使种子处于静止状态下进行干燥的设备。具有结构简单、热效率高、干燥成本低、操作简单等特点。其中，简易堆放式干燥设备由燃煤炉、风机、种床组成。斜床堆放式干燥床由间接加热煤炉、风道、风机、种床等组成，种床有一定倾角，便于种子自动排出；设置的扩散风道利于气流在种床上均匀分布。单侧斜床堆放式干燥室由加热煤炉、连接风道、风机、扩散风道、干燥室组成，能够对种子上下交替通风干燥，均匀性好。双侧斜床

39

堆放式干燥室由燃煤炉或热水锅炉、换热器、连接风道、风机、上下两个扩散风道、相互对称的两排干燥单室组成，双侧斜床堆放式干燥室生产能力大，热效率高，对种子上、下交替通风，种子干燥后水分均匀一致，操作方便，自动化程度高，适用于生产规模较大的玉米果穗烘干。

15. 塔式烘干机工作原理和特点是什么？

图 3 - 22　塔式烘干机

塔式烘干机（图 3 - 22）由多风道塔式干燥室、上料排料系统、热风炉、风机等组成。多风道塔式干燥室由许多水平配置的无底五角形管道和进风室、排风室组成。无底五角形管道分为进风管道、排风管道，进、排风管道上下交错排列，管道沿长度方向为锥形，进风管入口处截面与排风管出口处截面相同，进风管的顶部水平，无底部分向上倾斜。塔式烘干机分为混流、横流、顺流、逆流等形式。塔式烘干机工作原理是种子由斗式提升机提升到仓顶，通过溜管排到仓内顶部，在重力作用下逐步下落。同时，经过热风炉加热的空气由风机送入进风室，然后进入进风管道，穿过种子层，对种子进行干燥，废气经排风管进入排风室排出，达到对种子干燥的目的。塔式烘干机多风道干燥室进、排风管道交错排列，干燥均匀，适于种子籽粒干燥。

16. 循环式干燥机特点是什么？

循环式干燥机由干燥室、上料系统、排料系统、热风炉、风机等组成。其中，干燥室由干燥箱、热风室、孔板、废气室等组成。循环式干燥机是采用较低的热风温度、低压、大风量对种子进行干燥，其工作示意图如图3-23所示。干燥箱分缓苏段、干燥段，热空气在风机作用下穿过干燥段种子层，热空气流动方向与种子移动方向垂直交错，种子受热均匀。种子在干燥室可反复循环干燥，每次干燥时间短，缓苏时间较长，从而保证干燥后种子品

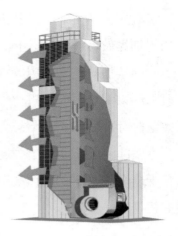

图3-23 循环式干燥工作过程示意图

质，避免爆腰和干燥不均现象，适于水稻、麦类、玉米籽粒等种子干燥。

17. 常用干燥空气加热设备有哪些？

常用干燥空气加热设备根据加热方式分为直接加热空气和间接加热空气两种。直接加热空气是指空气与燃烧后的气体混合，产生热的混合气体，用于干燥种子。间接加热空气是指空气通过换热器加热。加热设备有直接加热燃煤炉、间接加热燃煤炉、直接加热燃油炉、间接加热燃油炉、热水锅炉等。

18. 直接加热燃煤炉和间接加热燃煤炉有什么区别？

直接加热燃煤炉由炉膛、燃尽室、沉降室、混合室组成，并配有冷风机、风机（图3-24）。工作时燃料在炉膛燃烧，灰渣落入灰坑排出；烟气经燃尽室充分燃烧，在沉降室内烟气中的炉灰沉降，之后烟气进入混合室与冷风口进入的冷空气混合，达到所需温度后，

41

被风机送入种子干燥设备进行种子干燥。直接加热燃煤炉只适宜使用无烟煤做燃料对种子干燥。

间接加热燃煤炉由炉膛、换热室、沉降室组成，并配有风机（图3-25）。工作时燃料在炉排上燃烧，产生的烟气向上流动经过换热室时对换热管加热，然后由烟囱排出，烟气中的颗粒物则沉降到沉降室底部由出灰门排出。换热管中的冷空气受热后由风机抽出送入种子干燥设备进行种子干燥。由于是间接加热干燥空气，烟气对种子没有污染。

图3-24　直接加热燃煤炉

图3-25　间接加热燃煤炉结构示意图

19. 直接加热燃油炉和间接加热燃油炉的区别?

直接加热燃油炉由燃烧室、油箱、风机等组成（图 3 - 26）。工作时，燃油在燃烧室燃烧产生的气体与进入的冷空气混合成需要的温度后被风机送入干燥设备对种子进行干燥。燃油加热炉具有燃烧完全、污染小、温度易于控制等优点，直接加热方式热效率高。

间接加热燃油炉由燃烧室、油箱、换热器、风机等组成（图 3 - 27）。工作时，燃油在燃烧室燃烧产生的气体经过换热管时，对换热管加热，之后从烟囱排出。冷空气与换热管接触时吸收换热管的热量，之后被风机送入干燥设备对种子进行干燥。具有燃烧完全、污染小等优点，由于通过换热器对干燥空气加热，热效率比较低，但是对种子品质影响小。

图 3 - 26　直接加热燃油炉及结构示意图

图 3 - 27　间接加热燃油炉及结构示意图

43

第四篇
清选分级篇

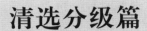

1. 种子的空气动力学特性是什么?

气流对物体的作用力用 P 表示，物体的重力用 G 表示。所谓空气动力学特性是指物体在垂直上升气流的作用下，当 P > G 时，物体将向上运动；当 P < G 时，物体将向下运动；当 P = G 时，物体将悬浮在空气中。物体悬浮在空气中时气流所具有的速度称为该物体的漂浮速度。同样，种子也具有这种特性（图 4 - 1）。

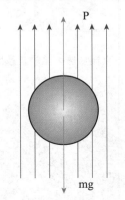

图 4 - 1　种子受力分析

2. 什么是气流清选?

气流清选是利用种子的空气动力学特性进行清选。物料的漂浮速度与物料重量、形状、位置和表面特性有关,不同物料的漂浮速度不同。当物料漂浮速度小于气流速度时,物料就顺着气流方向运动;当物料漂浮速度大于气流速度时,物料在重力作用下下落;当物料漂浮速度等于气流速度时,物料就悬浮在空气中。气流清选就是使气流速度低于种子漂浮速度而高于种子中轻杂漂浮速度,轻杂顺着气流运动,种子落下。气流清选设备垂直吸气式清选装置,例如风选机(图4-2)和带式扬场机(图4-3)。

图4-2　风选机

图4-3　带式扬场机

3. 什么种类的物料适合气流清选?

种子和杂质的漂浮速度分布范围无重叠或者重叠量较少,气流清选效果比较好;种子和杂质的漂浮速度分布范围重叠量大,气流清选效果差甚至无法分选。

4. 种子的外形尺寸特性有哪些?

种子的外形大小有长度、宽度、厚度3个尺寸,其中,长度比宽度大，宽度比厚度大。不同物料的长、宽、厚3个尺寸分布有一定规律。种子和其含有的杂质间尺寸关系有以下5种类型（图4-4）。

（1）杂质尺寸小于种子最小尺寸。

（2）杂质尺寸大于种子最大尺寸。

（3）杂质最大尺寸大于种子最小尺寸。

（4）杂质最小尺寸小于种子最大尺寸。

（5）杂质和种子的尺寸分布重叠。

第1和第2两种情况容易按尺寸特性将种子和杂质进行分离；第3和第4两种情况按尺寸特性只能部分地将种子和杂质进行分离；第5种情况按尺寸特性很难将种子和杂质进行分离。

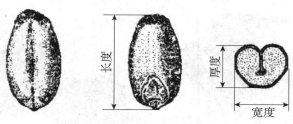

图4-4 种子外形尺寸特性

5. 怎样按种子的外形尺寸特性进行清选加工？

不同物料的长度、宽度、厚度3个尺寸是不同的。当种子和杂质这3个尺寸之一差异比较大时，就可按这个尺寸进行清选；如果被清选的物料3种尺寸差异均较大时，可按3种尺寸的任何一种进行清选，也可按二种或3种尺寸组合进行清选。长孔筛是按照种子的厚度尺寸进行分选，圆孔筛是按照种子的宽度尺寸进行分选，窝眼筒是按照种子的长度尺寸进行分选。

6. 利用种子的外形尺寸特性进行清选的设备有哪些?

利用种子的外形尺寸特性进行清选的常用设备主要有平面筛、圆筒筛和窝眼筒，使用这些设备对种子进行加工，能够去除种子中的大杂和小杂。

图 4 - 5　平面筛

图 4 - 6　圆筒筛

图 4 - 7　窝眼筒

7. 什么是风筛清选机?

风筛清选机就是将风选和筛选装置有机结合在一起的设备，利用种子的空气动力学特性进行风选，利用种子的外形尺寸特性进行筛选（图 4 - 8）。风筛清选机有初清机、基本清选机和复式清选机 3 种类型。初清机由 1 条风选管路、2 层筛组成，筛面倾角较大。基本清选机由 2 条风选管路、3 ~ 4 层筛组成，筛面倾角较小。复式清选机是在基本清选机基础上配置窝眼筒等其他分选原理的清选装置。风筛清选机工作原理是物料在经过吸风道时上升气流将其

图 4 - 8　风筛清选机

47

中携带的颖壳、尘土等轻杂带走；在筛面往复振动的作用下，大于筛孔尺寸的物料留在筛面，小于筛孔尺寸的物料落下。

8. 风筛清选机主要由哪些部件组成，各有什么作用？

风筛清选机主要由机架、喂料装置、筛箱、筛片、清筛装置、驱动装置、前吸风道、后吸风道、风机、通风网板、前沉降室、后沉降室、排杂系统、风量调节系统等组成（图4-9）。

（1）喂料装置。均匀进料并使物料在宽度方向分布均匀。通过调节喂料辊转速，调整喂料量。

（2）筛箱。固定支撑筛片。

（3）筛片。根据加工不同品种种子的需求可进行更换和清理。

（4）清筛装置。及时清除筛孔的堵塞物。

（5）驱动装置。使筛体往复振动，满足筛选种子需要。

（6）前吸风道。除去颖糠、尘土等轻杂。

（7）后吸风道。除去瘪粒、虫蛀粒、茎秆等轻杂。

（8）风机。提供风选气流。

（9）通风网板。在种子经过后吸风道时，用于托起种子，根据需要可更换。

（10）前、后沉降室。分别收集前、后吸风道清除的杂质。

（11）排杂系统。将风选、筛选出的杂质排出机外。

（12）风量调节系统。调节前、后吸风道的风量，以满足加

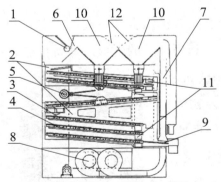

1. 喂料装置；2. 筛箱；3. 筛片；
4. 清筛装置；5. 驱动装置；6. 前吸风道；
7. 后吸风道；8. 风机；9. 通风网板；
10. 前、后沉降室；11. 排杂系统；
12. 风量调节系统

图4-9　风筛清选机内部结构图

工不同品种种子的需要。

9. 风筛清选机有哪些类型？

目前的风筛清选机主要有两种形式：一种是只有前后吸风道和前后沉降室的普通风筛清选机（图4-10），如国产的大多数风筛清选机、德国 Petkus 生产的 U 系列清选机、丹麦 Cimbria 公司生产的 11X 系列风筛清选机及美国 Carter Day 公司生产的 U 系列清选机。另一种是在底部增加了调速风机的风筛清选机（图4-11），如丹麦 Cimbria 公司生产的 10X 系列风筛清选机、美国 Carter Day 公司生产的 UF 系列清选机，这种清选机清选效果更好，既能清选普通谷物种子，还适用于容重较轻的蔬菜、花卉等小粒种子清选。

 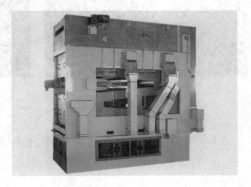

图4-10　普通风筛清选机　　　　图4-11　增加调速风机的风筛清选机

10. 如何选择筛孔形状和布置方式？

筛孔形状有圆孔、长孔、方孔、三角形孔、波纹孔等。筛孔形状和尺寸应根据分选种子和杂质的尺寸特性和成品种子的净度、获选率等要求进行选择，选择筛片时应保证尽可能使加工的种子净度最高而被淘汰的好种子最少。在种子加工中，常用的是圆孔、长孔两种形式。圆孔筛（图4-12）按照种子的宽度尺寸进行分选；长孔筛（图4-13）按照种子的厚度尺寸进行分选。种子通过筛孔的可能性与筛面开孔率正相关。通常，对于圆孔筛，菱形布置比正方形布置开孔率可提高15%以上；菱形布置的圆孔筛用长轴作为种子的流动方向比用短轴作为种子的流动方向生产能力和加工质量高。长孔筛筛孔布置有筛孔沿纵向直线布置、横向交错排列；沿横向直线布置、纵向交错排列两种方式；由于筛片宽度方向刚性好，不易变形，因此沿横向直线布置、纵向交错排列方式比较好，生产中应用较多。

图4-12　圆孔筛　　　　　　　　图4-13　长孔筛

11. 风筛清选机筛选流程确定原则是什么？

一般的风筛清选机筛选流程是固定的，有些复杂机型如从丹麦引进的D104（105）可根据待清选物料和加工要求选择筛选流程。筛选流程分并联、串联、串并联三种。并联是指物料喂到风筛清选机后，均分到两层尺寸规格相同的筛面进行筛选加工；串联是指物料喂到风筛清选机后，按筛面的先后顺序逐层通过筛面进行筛选；串并联是指同时存在串联和并联的情况。筛选流程选择原则是：原始物料净度高或加工要求低，可选择并联流程，提高生产率；原始物料净度低或加工要求高，需选择串联流程；对种子加工要求不是太高又需保证生产率的情况下，需选择并联、串联同时作业流程。

12. 影响筛选质量的主要因素有哪些？

影响筛选质量的主要因素有筛孔形状和尺寸、筛片质量、喂料均匀性、筛面上料层厚度、筛片倾角、振幅与振动频率等。

（1）筛孔形状和尺寸。应根据待清选物料的尺寸特性和清选质量要求选择筛孔形状和尺寸。

（2）筛片质量。筛面应平整光滑、筛孔排列规则，筛孔尺寸偏差在允许范围内。

（3）喂料均匀性。喂入筛面的物料应连续均匀并且在筛片宽度方向上分布均匀。

（4）筛面上料层厚度。通常筛面上料层厚度宜为种子厚度的2倍左右，料层太厚影响筛选效果，料层太薄生产能力降低。

（5）筛片倾角。筛面倾角与物料流动性有关。筛面倾角增大，物料流动性强，筛选质量下降。预清时，筛面倾角可适当大些，以提高生产能力。

（6）振幅和振动频率。振幅和振动频率与物料在筛面上的运动速度有关，振幅和振动频率增大，物料在筛面上的运动速度变快，筛选质量下降。

13. 风筛清选机安装和使用要点有哪些？

由于风筛清选机筛选部分通常以木质构件为主，因此，需安装在干燥、通风良好的室内，强度足够的水泥地面或支架上面，不平度小于1mm，周围要留出足够的操作空间，便于更换筛片和维修机器。机器进料端和出杂口一侧留出 1 500mm 空间，另外两侧留出

800mm 空间。设备安装好后，空运转 15min，检查各部件是否运转正常。每次更换品种前，一定要将机器清理干净；根据待清选种子的特性，对不同品种和粒度的种子，更换调整好筛片，清筛橡胶球按要求分布；开动机器后，根据排出的好种子和杂质情况，对喂入量、前吸风道风量、后吸风道风量、总风量等进行调节，直至排出的成品种子净度和获选率达到要求。

14. 风筛清选机怎样维护保养？

加工季节结束后，应将筛片清理干净，涂防锈漆；将各部位残留的种子和杂物清理干净；存放在通风防潮良好的室内；使用时尺寸不足和老化的橡胶球需及时更换；滑动部件表面应定期加注机油，保证调节机构操作灵活；滚动轴承等部件加足润滑油；皮带等传动部件松紧合适。

15. 什么是窝眼筒式清选机？

窝眼筒式种子清选机主要由进料口、窝眼筒、集料槽、排料装置、传动装置、机架等部件组成（图 4 - 14）。窝眼筒式清选机是按种子的长度进行分选，通过窝眼筒组合，可以清除种子中的长杂和短杂。除长杂时，喂入到窝眼筒内的种子，在窝眼筒底部时短小的种子陷入窝眼内随旋转的筒体上升到一定高度，在自身重力作用下落到集料槽内，被槽内螺旋输送器排出，未入窝眼的物料沿筒内壁向后滑移到另一端排出，实现种子和长杂的分选（图 4 - 15）。除短杂时，短杂陷入到窝眼内随旋转的筒体上升到一定高度，在自身重力作用下落到接料槽内，被槽内螺旋输送器排出，未入窝眼的种子沿筒内壁向后滑移到另一端排出，实现种子和短杂的分选。

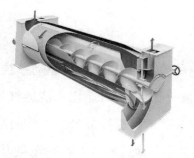

图 4 – 14　窝眼选结构图

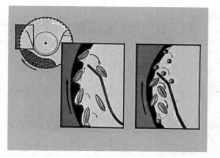

图 4 – 15　窝眼选工作原理示意图

16. 影响窝眼筒式清选机清选质量的主要因素有哪些？

影响窝眼筒式清选机清选质量的主要因素有滚筒转速、滚筒倾角、窝眼形状和尺寸、集料槽等。

（1）滚筒转速。转速提高，物料与窝眼的接触次数增多，利于分选；但是，转速太高，陷入窝眼筒内的物料离心力大于重力，物料不能下落；通常清选小粒种子时窝眼筒转速宜调高些，清选大粒种子时转速宜适当调低。

（2）滚筒倾角。倾角大，便于物料的流动，但是倾角太大，分选质量会降低。

（3）窝眼形状和尺寸。要根据加工不同品种种子的需要配置窝眼筒，窝眼是不规则几何体，要求窝眼既能稳定承托容纳需分离的物料，又能使物料顺利坠落。

（4）集料槽。集料槽接料边的高度应高于长物料起滑点，低于短物料下落点；除长杂时，如果长杂排出口含有较多好种子，应将集料槽接料边下调；如果主排口中含有较多长杂时，应将集料槽接料边上调。去短杂时，如果短杂排出口中含有较多好种子，应将集料槽接料边上调；如果主排口中含有较多短杂时，应将集料槽接料边下调。

17. 比重清选机是怎么工作的?

比重清选机主要由气流系统、工作台面、喂料系统、驱动系统、倾角调节装置、排料系统、机架等组成（图4-16）。比重清选机是利用空气气流和工作台面的振动，按密度不同进行分选。工作时喂料系统将待清选物料均匀连续输送到工作台面进料区，物料在重力、台面振动和向上气流共同作用下，在垂直方向有序排列，密度大和粒径大的颗粒沉于底层，密度小和粒径小的颗粒处于上层。同时由于台面有纵向倾角和横向倾角，底层密度大的颗粒在振动和台面摩擦力的作用下边向台面高边移动边向排料端移动，浮在上层密度小的颗粒在气流和自身重力作用下边向下流动边向排料端移动，当到达排料端时，较重物料集中在台面高部，较轻物料集中在台面低部，混合物料集中在台面中部，分别由排出口排出，混合料一般被返回进料系统重新进行清选。

图4-16　比重清选机

18. 什么会影响比重清选机的清选质量?

比重清选机清选质量与给料量和物料物理性状有关。比重清选机给料量要适中，并且连续稳定；当料层厚度发生变化时，分选质量也会相应变化；料层太厚，密度较小的好种子位于较高的层次，与轻杂不易区分，轻杂口排出的好种子增多，获选率降低；料层太薄，轻杂离台面较近，易随好种子向台面高边移动，分选不干净，分选质量降低。比重清选机是在台面振动和气流的作用下，使物料垂直分层进行分选的；分层情况与物料的密度、大小、形状有关，密度不同、大小不一、形状各异的物料分层困难，用比重清选机分选效果差（图4－17），因此，在进行比重清选前，应对种子先进行清选加工（风筛清选、窝眼筒清选等），使物料大小和形状基本一致，以保证分选效果。

图4－17　比重清选机分层情况

19. 怎样对比重清选机工作台面选择孔径和维护？

通常，比重清选机工作台面可更换，根据待加工物料的类型选择合适的台面；对于玉米、大豆等大粒种子，要选择钢丝和孔径较大的台面；水稻、小麦等中粒种子，选择钢丝和孔径较小的台面；菜籽和苜蓿种子，钢丝和孔径更小；如果用孔径小的台面加工大粒种子，种子向上爬移效果较差，不利于分选，而且风机能耗增大；如果用孔径大的台面加工小粒种子，尺寸小的种子和杂质会漏下去或者堵住台面网孔，分选效果降低。如果有尘土和脏物附在台面的下边，会使通过台面的气流受阻乃至台面完全堵塞，为保证清选效果，台面需经常进行维护保养；可用压缩空气从台面上方向下吹气，附在台面下边的灰尘等就会脱落；台面由于经常与物料接触，会受到磨损变光滑，重种子在台面上移动能力变弱，因此发现台面磨损较严重时，应进行更换。

20. 比重清选机工作中遇到问题怎么处理?

比重清选机工作时，如果排出的成品种子中轻杂含量过多，应当加大风量；增大工作台面的纵向倾角和横向倾角；降低振动频率；几个参数要逐一调整，直到排出物料满意为止。如果排出的轻杂中好种子含量过多，应当减少风量；减少工作台面的纵向倾角和横向倾角；增大振动频率；增大成品种子排料口宽度。如果工作台面物料不能良好分层，检查风机转速是否足够、匀风板或台面是否堵塞、风门是否打开等并进行相应调整；减少喂料量、增大振动频率、增大横向倾角、增大排料端挡板开度；更换孔径较大的台面。如果工作台面振动不平稳，应检查振动机构和锁紧机构是否松动并拧紧松动部位、检查振动台支撑件和轴承是否损坏并更换损坏的部件、地脚是否松动并固定地脚。如果台面堵塞，可能是风机风量不够造成的，从台面的下方向上吹风即可。

21. 如何操作比重清选机?

使用比重清选机主要是调整种子喂入量、风量、振动频率、振幅、纵向倾角、横向倾角、挡板和分料板等参数。这几个参数的调节，影响种子分层、分离和在工作台面上的运动。对这几个参数调节要相互协调，才能达到最佳分选效果和最高生产率。通常，调整参数时要微调，每调整一个参数，先观察几分钟清选效果，如果清选效果趋好则表明调整有效，接着调整下一个参数；如果清选效果差，则调回原工作状态，调整其他参数。通过调节这几个参数，使种子铺满整个工作台面，并且尽可能快地有效分层，到达排料端从不同排料口排出。

22. 为什么要进行种子分级？

对种子进行分级加工，使种子外形尺寸基本一致，便于机械精量播种。通过实施精量播种，使作物行距、株距、覆土深度趋于一致，出苗均匀，苗期生长一致性好，节约良种，减少间苗费用，利于田间管理。通常，根据精量播种机播种穴盘尺寸的不同，将种子分成不同的尺寸组，保证播种机穴盘每个孔眼里只落下一粒种子。种子分级常用设备有平面筛分级机和圆筒筛分级机。根据种子的尺寸特性选择不同规格的筛片对种子进行筛选分级，每种规格的筛片可以将种子筛分为大于和小于该筛孔尺寸的两级种子。

23. 平面筛分级机是怎么工作的？

平面筛分级机是利用种子的宽度和厚度尺寸不同进行分级，主要由进料、筛选、传动、机架等部件组成（图 4 – 18）。其中，进料部分由入料口、喂料辊、进料间隙调节机构等组成，保证物料在整个筛片宽度均匀给料；通过调整进料间隙调节机构，可调节给料速度。筛选部分由筛箱侧板、筛片、清筛球架、出料口等组成，筛箱侧板由偏心机构驱动进行往复运动，筛片形状一般有圆孔和长孔两种，圆孔筛适宜按照种子的宽度尺寸进行分级；长孔筛适宜按照种子的厚度尺寸进行分级。为防止筛片堵塞，一般采用橡胶

图 4 – 18 平面筛分级机

球清筛，在筛箱摆动时，橡胶球在筛片与清筛球架之间进行无规则的碰撞，使堵塞在筛孔的物料离开筛孔。平面筛分级机结构紧凑，易于清理，生产效率高。

24. 圆筒筛分级机是怎么工作的？

圆筒筛分级机主要由喂料机构、筛片、幅盘、清筛装置、排料装置、传动系统和机架等组成（图4-19）。清筛装置一般为橡胶辊或尼龙刷辊，紧贴在圆筒筛外缘，用于将堵塞在筛孔上的种子或杂物推回筛筒。通常采用多台组合形式，圆筒组合有串联和并联之分。工作时将待分级种子由喂料口喂入，圆筒筛安装时具有一定的角度，进料端较高，随着筛筒的转动，种子边翻动边轴向移动，同时，尺寸小于第一级筛的种子穿过第一级筛孔；较大的种子留在筛面上沿着筛面继续翻动和轴向移动，待进入筛孔尺寸较大的第二段圆筒筛，尺寸小于第二段圆筒筛孔的种子穿过筛孔，以此类推，最大的种子从圆筒的尾端排出，从而实现种子分级。圆筒筛分级机结构简单、便于组合、运转平稳、清理方便、分选精确，但生产率偏低，适用于精选分级。

图4-19　圆筒筛分级机

25. 影响圆筒筛分级机分级质量的主要因素有哪些?

影响圆筒筛分级机分级质量的主要因素有筛筒转速、倾角、筛孔形状。

（1）筛筒转速。如果转速太高，种子在离心力的作用下，将紧贴在筛筒内壁随筛筒一起转动而堵塞筛孔；如果转速太低，种子翻动不彻底，从而影响分级效果；由于待分级物料的特性各异，圆筒筛的转速应在一定范围内可调；圆筒在最高转速时，种子随圆筒旋转到达最高点时离心力应远小于种子重力。

（2）倾角。圆筒筛倾角保证种子在圆筒内的轴向流动，倾角大小影响种子在圆筒内的移动速度；倾角增大，轴向移动速度加快，生产率提高但是分选质量相应下降；倾角减小，轴向移动速度降低，分选质量提高，生产率下降。

（3）筛孔形状。常用的筛孔形状有波纹形长孔筛和凹窝形圆孔筛；筛孔的形状和大小选择合理，种子通过筛孔顺畅，生产能力高、加工质量好。

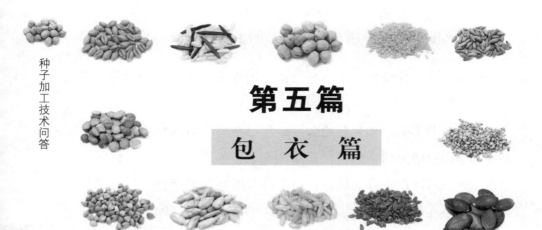

第五篇

包 衣 篇

1. 种子包衣和制丸一样吗?

种子包衣是在种子外表面包敷一层种衣剂,包衣后的种子形状不变而尺寸有所增加(图 5 – 1);种子制丸是将制丸材料粘裹在种子外表面制成具有一定形状尺寸的丸状颗粒,丸化后的种子,其尺寸与形状均有明显变化(图 5 –2)。

图 5 – 1　包衣后的种子

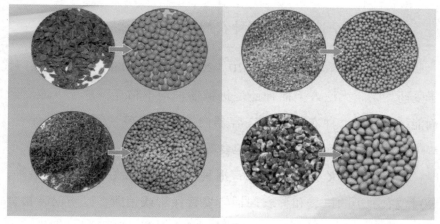

图 5 – 2　丸化种子

2. 为什么要对种衣剂进行选择?

种衣剂由活性成分和非活性成分组成。种衣剂中活性成分主要包括杀虫剂、杀菌剂、植物生长调节剂、肥料、微量元素、有益微生物及其产物等,对种子和作物生长起促进作用;种衣剂中非活性成分指成膜剂及相应的配套助剂,用于保持种衣剂的物理性状。种衣剂按组成成分有单元型种衣剂和复合型种衣剂。以单一作用为目的的种衣剂为单元型种衣剂,如根瘤菌种衣剂、微肥种衣剂等;以解决两个及两个以上问题为目的,利用多种有效成分配置的种衣剂为复合型种衣剂,如药肥复合型、药肥微量元素复合型种衣剂等。种衣剂按用途分有农药型种衣剂、微肥型种衣剂、促进作物生长型种衣剂、根瘤菌种衣剂等。因此,在实际生产中要根据需要选择种衣剂(图 5 – 3)。

图 5 – 3　不同种类种衣剂包裹的种子

3. 如何安全选择和使用种衣剂?

质量好的种衣剂包衣后在 10～20℃范围内 30min 即可成膜;种子受药均匀,无论人工播种还是机械播种均不粘连;种子下地后药剂能缓慢释放。种衣剂应装在容器内,贴上标签,须有专人保管,集中存放在单独库房,严禁和粮食等存放在同一地方;搬动种衣剂时,严禁吸烟、吃东西、喝水;播种包衣种子最好采用机械播种;装过包衣种子的口袋和种衣剂桶应妥善保管或销毁,以防误装粮食或其他食物;种衣剂不能同除草剂、碱性农药、肥料同时使用;不能在盐碱地较重的地方使用,种衣剂在水中的水解速度随 pH 值及温度升高而加快。

4. 种子包衣机主要技术指标和要求是什么?

根据 JB/T7730—2011 和 GB/T15671—2009 规定,种子包衣机主要技术指标应符合表 5－1 要求。

表 5－1　种子包衣机主要技术指标

序号	项目名称		指标值
1	纯小时生产率（t/h）		≥设计额定值
2	千瓦小时生产率［t/（kW·h）］	带空压机	≥1.5
		不带空压机	≥5.5
3	破损率（%）		≤0.1
4	种衣剂及种子喂入量变异系数　（%）		≤2.5
5	种衣剂与种子配比调节范围		1:25～1:120
6	包衣合格率（%）	小麦、玉米（杂交种）、高粱（杂交种）	≥95
		谷子	≥85
		大豆	≥94
		水稻（杂交种）	≥88
		棉花	≥94

序号	项目名称	指标值
7	工作场所空气中有害物质浓度（mg/m³）	符合 GBZ2.1 规定
8	噪声 dB（A）	≤85
9	有效度 （%）	≥98

种子包衣机与药剂接触的工作部件应选择耐腐蚀和防锈性能的材料；包衣机内部清理应方便，不得有残留种子的死角。

5. 怎样对种子进行包衣处理?

种子包衣就是根据要求按照一定的药种比例将种衣剂均匀、牢固地包裹在种子表面。工作时，种子和药剂分别由储料斗和储药罐经计量给料系统输送到包衣室，种子由进料斗落下的同时，药液被雾化后喷洒在种子表面，在包衣室搅拌均匀后排出。包衣过程不能有药剂散落在空气中和地面，使用高效脉冲布袋除尘系统；包装种衣剂的容器应妥善保管；清洗种衣剂用具的污水严禁直接排放；操作人员需穿防护服、戴口罩、乳胶手套等。包衣作业前需检查机器各部件的工作稳定性和紧闭情况，包衣机技术状态良好才可进行包衣作业；配备足够的药液；对种子进行精选加工，纯度、净度、水分、发芽率等指标达到相关标准。

6. 种子包衣机主要由哪些部件组成?

种子包衣机主要由贮药桶、供药系统、计量药箱、供料装置、雾化装置、搅拌装置、动力系统、机架等组成。

（1）贮药桶。用于储存和输出一定流量的种衣剂，由药桶、药泵、阀门、连接管等组成。

（2）供药系统。用于包衣过程中均匀等量喂入种衣剂，由计量

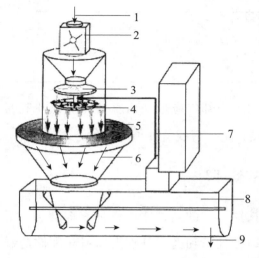

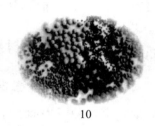

1.种子入口；2.喂种器；3.抛种盘；4.甩液盘；5.种液接触；
6.混配室；7.供液；8.搅拌推送；9.排料；10.成品

图5-4　包衣机作业工艺流程

图5-5　包衣机

药箱、药勺组成。

（3）供料装置。用于包衣过程中均匀等量喂入种子，由计量料斗、配重杆、配重锤组成。

（4）雾化装置。使种衣剂变成超细颗粒，有气体雾化式、高压药液雾化式、甩盘雾化式三种。

（5）搅拌装置。使种衣剂充分包裹在种子表面。有螺旋搅拌式和滚筒搅拌式两种。

7. 都有哪些类型的种子包衣机?

种子包衣机按照搅拌方式分有螺旋搅拌式包衣机（图5-6）和

滚筒搅拌式包衣机（图5-7）两种。螺旋搅拌式包衣机包衣室内装有螺旋搅拌绞龙用以搅拌输送种子；滚筒搅拌式包衣机包衣室内壁装有叶片，在主轴转动时用以翻动种子。

　　按照药液雾化方式分有气体雾化式、高压药液雾化式、甩盘雾化式三种。气体雾化式包衣机是用高压空气吹击药液使之雾化；高压药液雾化式包衣机是使用药泵给药液加压，压力增大的药液经过喷嘴时雾化；甩盘雾化式包衣机是使用高速旋转的甩盘对药液雾化。

图5-6　螺旋搅拌式包衣机

图5-7　滚筒搅拌式包衣机

　　按照加料加药液方式分有药勺翻斗式和计量泵式两种。药勺翻斗式包衣机是使用药勺和翻斗批次计量药液和种子，实现按比例包衣；计量泵式包衣机是使用计量泵和电磁振动给料机计量药液和种子，实现按比例包衣。

8. 药勺式种子包衣机和计量泵式种子包衣机区别在哪里？

药勺式种子包衣机工作时将已配制好的药液放在药液桶里，通过液泵输送到药液计量箱，由计量药勺将药液定量输送到包衣室，流经高速旋转的甩盘时，在离心力作用下被雾化，均匀地落在由种子计量斗下落的种子表面，螺旋式搅轮不断转动将包好的种子输出。计量泵式种子包衣机工作时是种子经储料斗进入配料输送器，药液由储药桶经计量泵进入甩盘体雾化，经配料输送器计量的种子落入雾化室与雾化的药液混合后进入包衣筒，在包衣筒内种子被种衣剂均匀包裹，然后由出料口排出。计量泵式种子包衣机与药勺式种子包衣机相比，具有计量精度准确、生产率高的优点。

9. 什么是回转釜式种子制丸机？

回转釜式种子制丸机主要由储料斗、计量供种装置、储药筒、计量供液装置、回转釜系统、动力系统和机架等组成（图5-8）。

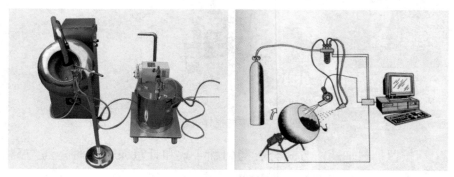

图5-8　回转釜式种子制丸机

工作时种子由储料斗经计量系统输送到回转釜，种子在回转釜内连续翻转，同时胶悬液经压力泵雾化后均匀喷射到种子表面，粉状物料从料斗中落下粘敷在种子表面，种子被包裹变大，实现制丸。

10. 甩盘立式种子制丸机是怎么工作的？

甩盘立式种子制丸机主要由储料斗、计量供种装置、储药筒、计量供液装置、药剂雾化装置、制丸室、动力系统、机架等组成（图5-9）。工作时将种子由储料斗经计量输送装置输送到制丸室，做高速回转运动的同时上下翻转，经甩盘雾化的药剂喷涂在种子表面，种子形体逐渐变大，实现制丸。

图5-9 甩盘立式种子制丸机主要组成部分

第六篇

包 装 篇

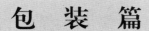

1. 为什么要对种子进行包装?

对经过精选加工和药剂处理的种子进行包装,可防止种子混杂、病虫害感染、吸湿回潮、霉变,以保存种子活力、提高商品性,便于安全储藏、运输和销售(图6-1)。根据中华人民共和国农业部第50号令《商品种子加工包装规定》的要求:有性繁殖作物的籽粒、果实,包括颖果、荚果、蒴果、核果等,以及马铃薯微型脱毒种薯应当包装销售。无性繁殖的器官和组织,包括根(块根)、茎(块茎、鳞茎、球茎、根茎)、枝、叶、芽、细胞等,苗和苗木,包括蔬菜苗、水稻苗、果树苗木、花卉苗木等,以及其他不宜包装的种子等不经包装就可以销售。

图6-1 包装后的种子

2. 种子包装有哪些要求?

种子包装前必须经过精选和药剂处理，水分降低到安全储藏水分以下。精选可以清除其夹杂的瘪粒、破碎粒、杂草种子、沙土等杂质，使净度达到国家标准。对精选后的种子进行熏蒸和包衣等药剂处理，可以防止病虫害发生。含水率较高的种子在储存过程中易发生霉变，导致种子活力降低甚至丧失活力；通常保存时间越长，需要包装的种子水分越低，对包装材料防湿性能要求更高。

3. 怎样选择种子包装材料?

常用的种子包装材料有麻袋、多层纸袋、铁皮罐、聚乙烯袋及聚乙烯铝箔复合袋等。一般根据种子种类、特性、水分、保存期限、储藏条件、运输条件等因素选择包装材料。

（1）麻袋（图6-2）。强度好，透气性好，容易吸湿回潮，防潮、防虫、防鼠性能差，一般用于大量种子的包装。

（2）多层纸袋（图6-3）。强度低，易破损，防潮、防虫、防鼠性能差，一般用于要求通气性好的种子包装，宜储存在低温干燥场所，保存期限较短。

（3）铁皮罐（图6-4）。防潮、防光、防虫、防鼠等性能好，适于长期保存的少量种子包装。

（4）聚乙烯袋（图6-5）。防潮性一般，适宜短期保存的种子包装。

（5）聚乙烯铝箔复合袋（图6-6）。强度适中，防潮性能好，适宜种子包装。

图6-2 麻袋

图6-3 多层纸袋

图6-4 铁皮罐

a

b

图6-5 聚乙烯袋

图6-6 聚乙烯铝箔
复合袋

4. 什么是电子自动计量包装?

电子自动计量包装设备主要由计量头、料斗、台秤、限位开关、缝包机、电器控制、支架等组成（图6-7）。主要工序包括上料、称量或计数、装袋（容器）、封口、校验、赋码、二次大包装等。工作时，通过提升机、皮带输送机等设备将种子输送到暂存仓内，经计量头输送到台秤料斗，当种子达到预定的重量或体积时，限位开关发出信号，停止供料。种子进入包装机后，打开包装容器口，种子流入包装容器，然后经封口机封口，输送到检重台进行

图6-7 电子自动计量包装秤组成部件

检重，符合标准的扫描编码，将小包装袋装入大包装袋封口，完成包装作业。目前一般小包装已实现自动或半自动操作，二次大包装采用人工方式，直接大包装一般是半自动操作。

5. 电脑定量秤是怎么工作的？

电脑定量秤主要由上料斗、给料部分、秤斗、下料斗、机架等机械部件和称重传感器、低压电器、料位器、电脑称重控制器等电气部件组成（图6-8）。工作时将电脑定量秤接通电源，电脑首先检查安装在料斗上的下料位器是否有料，如果有料则开始工作，如无料则在操作界面显示无料。确认有料后，电脑指示大、小给料器同时工作，

图6-8　电脑定量秤

当秤斗中物料重量达到大给料点时，电脑令大给料器停止工作，此时小给料器继续工作，当秤斗中物料重量达到小给料点时，电脑令小给料器停止工作。电脑计算称重误差，优化系统工作参数。称重结束后，电脑检测到有袋，则令电机打开秤斗门，物料装入包装袋，由输送带输送到封口机封口。完成种子定量包装。在系统工作过程中，电脑检测到下料位无料则开动提升机、输送机上料，当检测到上料位有料时，则停止上料。

6. 什么是电脑定量秤的最大称量值、分度值和分度数？

电脑定量秤的最大称量值是指该定量秤定量的最大重量。电脑

定量秤的分度值是指电脑定量秤指示装置所能显示的最小重量值，分度值应该是 1×10^k、2×10^k、5×10^k 的数字序列，其中，K 为正数、负数或零。电脑定量秤的分度数是指电脑定量秤的最大称量值除以该衡器的分度值。分度数越大的电脑定量秤，其参考精度等级就越高。

7. 怎样选择电脑定量秤?

电脑定量秤的定量范围是指在保证定量精度的前提下，可以定量的最大和最小重量值。为保证定量精度，通常最大定量值不能大于最小定量值的三倍。使用电脑定量秤时，越接近电脑定量秤的最大量程，系统的定量精度就越高。因此，选择电脑定量秤时，要根据主要包装品种的包装重量选择电脑定量秤型号，尽量使包装重量接近电脑定量秤的最大定量值。

8. 电脑定量秤使用要点有哪些?

电脑定量秤属于精密电子设备，使用中应注意以下几点。

（1）称重传感器。避免外力作用，对于悬臂式传感器，避免施加侧向扭力；保证传感器弹性体清洁，防止锈蚀。

（2）承载部件。秤斗的承载部件在维护中应保持原来的状态，避免产生附加外力而影响定量精度。

（3）运动部件。经常检查运动部件的连接螺栓等紧固件是否松动。

（4）保养。在使用季节结束后，用高压气体对秤体做彻底清洁，避免种子残留在机器中，以致鼠害损坏设备；用润滑脂擦拭表面电镀处理的组件，防止锈蚀。

9. 全自动包装机组由哪些设备组成？

全自动包装机组配套设备主要由提升机、上袋机、制袋机、输送线、热合封口机和缝包机等组成（图6-9）。

图6-9　全自动包装机生产线

10. 种子包装规格有哪些？

种子包装主要有按照种子重量包装和种子粒数包装两种。一般农作物种子和牧草种子通常根据生产规模、播种面积、用种量等按照重量包装，一般以1亩①地1袋为宜，常规小麦每袋10kg，杂交水稻每袋3～5kg，蔬菜每袋4g、8g、20g、100g和200g等。玉米种子按照种子重量包装和种子粒数包装两种方式都有，每袋2.5～10kg，或者每袋6 000粒、8 000粒。价值较高的蔬菜和花卉种子一般按照种子粒数包装，每袋100粒和200粒等。

---

① 1亩≈667m²，15亩=1hm²，全书同

种
子
加
工
技
术
问
答

参考文献
REFERENCES

谷铁城，马继光 . 2005. 种子加工原理与技术 ［M］. 北京：中国农业大学出版社 .

顾冰洁，王园园，潘九君，等 . 2012. JB/T 7730-2011，种子包衣机 ［S］. 北京：机
械工业出版社 .

胡晋 . 2010. 种子贮藏加工学 ［M］. 北京：中国农业大学出版社 .

胡晋，谷铁城 . 2002. 种子贮藏原理与技术 ［M］. 北京：中国农业大学出版社 .

康志钰，王建军 . 2014. 种子加工实用技术 ［M］. 昆明：云南大学出版社 .

李树春 . 1983. 种子加工机械 ［M］. 石家庄：河北人民出版社 .

马志强，马继光 . 2011. 种子加工原理与技术 ［M］. 北京：中国农业出版社 .

农业部人事劳动司、农业职业技能培训教材编审委员会组织 . 2007. 种子加工员
［M］. 北京：中国农业出版社 .

钱东平 . 2010. 种子加工机械有问必答 ［M］. 北京：电子工业出版社 .

石生岳，常宏 . 2005. 农作物种子加工技术 ［M］. 甘肃：甘肃科学技术出版社 .

孙群，胡晋，孙庆泉 . 2008. 种子加工与贮藏 ［M］. 北京：高等教育出版社 .

孙鹏，王丽娟，邢秀华，等 . 2008. JB/T 10200—2013，种子加工机械与粮食处理设
备产品型号编制规则 ［S］. 北京：机械工业出版社 .

辛景树，柏长春，赵建宗．2008. GB/T 4404. 1—2008，食作物种子第 1 部分；禾谷

 类［S］．北京：中国标准出版社．

王亦南，胡志超，孙鹏，等．2008. GB/T 21158—2007，种子加工成套设备［S］．

 北京：中国标准出版社．

张延英，汪裕安．2008. GB/T 12994—2008，种子加工机械术语［S］．北京：中国

 标准出版社．